BEI GRIN MACHT SICH IHR WISSEN BEZAHLT

- Wir veröffentlichen Ihre Hausarbeit,
  Bachelor- und Masterarbeit

- Ihr eigenes eBook und Buch -
  weltweit in allen wichtigen Shops

- Verdienen Sie an jedem Verkauf

Jetzt bei www.GRIN.com hochladen und kostenlos publizieren

Eine Einführung in das mathematische Beweisen anhand der vollständigen Induktion

Thomas Wessinger

Bibliografische Information der Deutschen Nationalbibliothek:

Die Deutsche Nationalbibliothek verzeichnet diese Publikation in der Deutschen Nationalbibliografie; detaillierte bibliografische Daten sind im Internet über http://dnb.d-nb.de abrufbar.

ISBN: 9783668272804
Dieses Buch ist auch als E-Book erhältlich.

© GRIN Publishing GmbH
Nymphenburger Straße 86
80636 München

Druck und Bindung: Books on Demand GmbH, Norderstedt Germany
Gedruckt auf säurefreiem Papier aus verantwortungsvollen Quellen

Das vorliegende Werk wurde sorgfältig erarbeitet. Dennoch übernehmen Autoren und Verlag für die Richtigkeit von Angaben, Hinweisen, Links und Ratschlägen sowie eventuelle Druckfehler keine Haftung.

Das Buch bei GRIN: https://www.grin.com/document/337879

Einführung in das mathematische Beweisen.

Eine Einführung in das mathematische Beweisen anhand der vollständigen Induktion.

Hausarbeit

Hochschule Karlsruhe Technik und Wirtschaft

Fakultät für Wirtschaftswissenschaften

Studiengang International Management Bachelor, 10. Semester

Lehrveranstaltung Mathematik A

Kurzfassung

Mathematische Kenntnisse sind nicht nur für Mathematiker und Naturwissenschaftler nützlich und notwendig. Auch für Wirtschaftswissenschaftler ist die Mathematik die Sprache in der sie viele ihrer Modelle und Phänomene beschreiben und erklären. Essentielle Bestandteile der Mathematik sind Sätze und Beweise. Erst ein widerspruchsfreier Beweis macht einen Satz zum Satz und verleiht ihm Allgemeingültigkeit. In der Mathematik gibt es drei grundlegende Beweisverfahren,

- der direkte Beweis
- der indirekte Beweis
- und der Beweis durch vollständige Induktion.

Letzterer findet für verschiedene Problemstellungen der Form „für alle natürlichen Zahlen gilt" Anwendung. Er besteht aus einem Induktionsanfang und einem Induktionsschritt, indem der eigentliche Beweis folgt. Er hat strengen formalen Kriterien zu folgen, um allgemeine Anerkennung zu erhalten.

Schlüsselwörter: mathematische Beweisverfahren, vollständige Induktion, Mathematik als Sprache

Abstract

Mathematical knowledge is not only for mathematicians and scientists useful and necessary. Since mathematics are understood as a language as well they are beneficial for economists too. Additionally, it is the language in which they describe and explain their models and phenomena. An essential part of mathematics are theorems and proofs, as only a proof turns a theorem into a theorem and makes it appreciated and accepted by the mathematical community. There are three kinds of proof methods,

- the direct proof,
- the indirect proof
- and the proof by mathematical induction.

The latter method is being applied for issues containing numbers in the form of „for all natural numbers is". This method of proof consists out of an induction basis and an induction step in which the actual proof is made. This is subjected to strictly defined criteria that have to be followed in order to reiceive general appreciation.

Keywords: mathematical proof methods, mathematical induction, mathematic as language

Vorwort

Mathematik ist eine Wissenschaft, die deutlich mehr als das Umherschieben von Zahlen und Formeln beinhaltet. Sie fungiert als Sprache über verschiedene wissenschaftliche Disziplinen hinweg und ermöglicht es Modelle und Phänomene in einer allgemein verständlichen und eindeutig definierten Weise zu beschreiben, Zusammenhänge aufzuzeigen und schlussendlich zu beweisen. Ein integraler Bestandteil dieser Wissenschaft ist das Beweisen. Verschiedene Autoren wie beispielsweise Arens et al. (2010, S. 22) beschreiben dies auch als Kern und Wesen der Mathematik. Leider wird diese Disziplin der Mathematik in verschiedenen Studiengängen vernachlässigt. Dabei kann das mathematische Beweisen seinen Anwendern mehr Lehren als lediglich Mathematik. Beispielsweise wird man beim Führen eines Beweises gezwungen einwandfrei und stringent logisch zu argumentieren, was nicht nur in der Mathematik eine wichtige Qualifikation darstellt. Natürlich erwartet niemand von einem Wirtschaftswissenschaftler ein vergleichbar tiefes Wissen über mathematische Zusammenhänge wie von einem ausgebildeten Mathematiker. Grundlegendes Wissen, auch in einer abstrakten Disziplin wie dem Führen von Beweisen, hilft jedoch dabei Konzepte nicht nur stur anwenden zu können, sondern diese auch kritisch zu hinterfragen und auf andere Situationen adaptieren zu können.

Darum soll diese Hausarbeit grundlegende Prinzipien des Beweisens aufzeigen. Es ist nicht das Ziel dieser Ausarbeitung nach der Lektüre die Verfahren auf komplexe Probleme anwenden zu können. Dies bedarf ohnehin tiefergehende mathematische Kenntnisse, als dass was in Schulen und wirtschaftswissenschaftlichen Studiengängen vermittelt wird. Diese Hausarbeit soll einen Beitrag dazu leisten, dass die Mathematikvorlesung nicht mehr nur als Hürde, sondern als wichtiger Bestandteil eines wirtschaftswissenschaftlichen Studiums wahrgenommen wird.

Danksagung

An dieser Stelle sollen auch einige Worte des Dankes gesprochen werden. Zunächst geht mein Dank natürlich an meinen Professor, der mir die Möglichkeit gab diese Hausarbeit zu schreiben. Außerdem möchte ich mich bei meinem guten Freund Manuel bedanken, der mir zahlreiche Lehrbücher zur Verfügung gestellt hat und mit dem ich über die vollständige Induktion fachsimpeln konnte. Zuletzt geht ein großer Dank an meinen guten Freund Tobias, der die Ausarbeitung ins Lektorat nahm.

Thomas Wessinger

Straubenhardt, den 23.05.2016

Inhaltsverzeichnis

Abkürzungsverzeichnis

et al.	und andere
f.	folgend
ff.	fortfolgend
S.	Seite

Symbolverzeichnis

$=$	gleich
$\neq$	ungleich
$\Rightarrow$	aus ... folgt ...
$\Leftrightarrow$	... ist äquivalent zu ...
$\in$	ist Element von
$\mathbb{N}$	Menge der natürlichen Zahlen
$\mathbb{N}_0$	Menge der natürlichen Zahlen inklusive 0
$\mathbb{Z}$	Menge der ganzen Zahlen
$\mathbb{R}$	Menge der reellen Zahlen
a	Variable für eine reelle Zahl
k	Variable für eine natürliche Zahl
n	Variable für eine natürliche Zahl
$\tilde{n}$	Nachfolger einer natürlichen Zahl n
m	Variable für eine natürliche Zahl
$\dot{m}$	Nachfolger für eine natürliche Zahl m
x	Variable für eine reelle Zahl
A	Aussage
$\prod$	Produkt
$\sum$	Summe

1 Einführung

Zu Beginn der Ausarbeitung soll die Aufgabenstellung und das Ziel der Arbeit beschrieben werden. Daneben soll auch auf den Aufbau der Arbeit kurz eingegangen werden.

1.1 Aufgabenstellung und Zielsetzung

Ein solides mathematisches Grundverständnis ist eine absolute Notwendigkeit, auch für Studierende der Wirtschaftswissenschaften. Die Mathematik repräsentiert eine interdisziplinäre Sprache, in der Modelle formuliert und definiert werden können. Auch die Wirtschaftswissenschaften sind zu diesen Disziplinen zu zählen. Dabei stellen Sätze und Beweise zwei Grundlegende Aspekte der Mathematik dar, deren Kenntnis enormere Vorteile hinsichtlich dem Verständnis von Konzepten bietet.

im Bachelor-Studiengang International Management an der Hochschule Karlsruhe – Technik und Wirtschaft stehen diese elementaren Bestandteile der Mathematik nicht im Lehrplan. Allerdings ist die Kenntnis über die Vorgehensweisen des mathematischen Beweisens, speziell über das Verfahren der vollständigen Induktion, eine Qualifikation, die nicht nur innerhalb der Mathematik, sondern auch darüber hinaus von Vorteil ist.

Dies macht es nötig dieses Grundwissen zu vermitteln und die mit diesem Wissen verbundenen Vorteile aufzuzeigen. Die Vermittlung dieses Grundwissens als Einstieg in das mathematische Beweisen, insbesondere am Beispiel der vollständigen Induktion ist das Ziel dieser Ausarbeitung sein.

1.2 Aufbau der Arbeit

Zunächst soll auf die Mathematik selbst eingegangen und ihr Verständnis als beweisende Wissenschaft dargestellt werden. Es soll erläutert werden, warum die Mathematik eine Sprache darstellt, die von verschiedenen Wissenschaften genutzt wird. Außerdem wird dargestellt warum Mathematik eine wichtige Kompetenz darstellt. Im Anschluss folgt eine Einführung in die mathematische Beweisführung, wobei darauf eingegangen werden soll, warum Beweise notwendig sind, wie diese aufgebaut sind und welche Ziele sie verfolgen. In einem weiteren Schritt sollen die einzelnen Beweismethoden definiert und kurz erläutert werden. Dabei handelt es sich um die direkte und die indirekte Beweismethode und um den Beweis durch vollständige Induktion. Zu jedem Verfahren wird ein kurzes Beispiel gegeben, wobei die Methode der vollständigen Induktion näher betrachtet wird. Danach folgt ein weiteres Kapitel über die Anwendungsbereiche dieser Beweismethode. Zum Abschluss folgt eine kritische Betrachtung des Induktionsbeweises.

2 Mathematik: Wissenschaft, Sprache und Schlüsselfähigkeit.

Zu Beginn der Ausarbeitung wird auf Mathematik im Allgemeinen eingegangen. Dabei wird das Verständnis der Mathematik als beweisende Wissenschaft herausgestellt. Es wird herausgestellt, dass die Mathematik einen kulturübergreifenden Sprachrahmen darstellt, in der die Naturwissenschaft und Teile der Geisteswissenschaften Modelle und Erkenntnisse definieren und erläutern. Abschließend wird in diesem Kapitel darauf eingegangen, warum ein fundiertes mathematisches Verständnis eine Schlüsselqualifikation darstellt, die nicht nur im Rahmen der Mathematik notwendig ist.

2.1 Mathematik: Eine Wissenschaft

Die Mathematik ist eine eigene Wissenschaftsdisziplin wie beispielsweise Arens et al. (2010, S. 5) darstellen. Sie ist keine Naturwissenschaft wie beispielsweise die Physik oder Chemie, da sich diese mit Gegenständen der menschlichen Anschauung beschäftigen. Die Mathematik hingegen fokussiert sich auf Gegenständen des menschlichen Denkens selbst und versucht darin Zusammenhänge herzustellen. Anders als die Naturwissenschaften muss sich die Mathematik nicht um die Realität sorgen, da es sich bei ihren Aussagen um Gewissheiten handelt, die es in den Naturwissenschaften nicht gibt und auch nicht geben kann, wie Langemann et al. (2016, S. 23) feststellen.

Allerdings gehen Naturwissenschaften und Mathematik oft Hand in Hand. Wesentliche mathematische Erkenntnisse wurden dadurch gewonnen, dass Forscher naturwissenschaftliche Phänomene beobachteten und durch mathematische Relationen beschrieben. Dieser Fakt wird durch die Geschichte belegt, da über viele Jahrhunderte bedeutende Mathematiker auch bedeutende Naturwissenschaftler waren und umgekehrt, wie Arens et al. (2010, S. 4) treffend ausführen. Als Beispiele können hier Archimedes von Syrakus und Galileo Galilei genannt werden.

Die Mathematik wurde nicht immer als eigene Wissenschaft wahrgenommen und sah sich auch selbst nicht als solche. Zu Beginn des 19. Jahrhunderts trat ein Veränderungsprozess in diesem Denken ein und die Mathematik begann sich als eigenständige Wissenschaft zu begreifen. Erste Forscher wie beispielsweise Cauchy und auch Weierstraß beobachteten keine naturwissenschaftlichen Phänomene mehr, sondern arbeiteten rein mathematisch, wie es beispielsweise bei Arens et al. (2010, S. 4) steht.

Heute verstehen sich, wie Arens et al. (2010, S. 4) ebenfalls herausstellen, Mathematiker, Naturwissenschaftler und Ingenieure als eigenständige wissenschaftlichen Disziplinen. Allerdings verbindet sie die Mathematik, da sie als die Sprache fungiert in der sie ihre Ergebnisse formulieren und begründen können. Dieser Umstand weist darauf hin, dass Mathematik eine Sprache darstellt, die von verschiedenen wissenschaftlichen Disziplinen verstanden und verwendet wird, wie bei Brunner (2014, S. 22) zu lesen ist. Im folgenden Abschnitt soll darauf etwas näher eingegangen werden.

2.2   Mathematik: Eine Sprache

Mathematik ist die Sprache, die von verschiedenen Natur- und Geisteswissenschaften wie beispielsweise den Wirtschaftswissenschaften, zur Beschreibung und Begründung von Modellen und Phänomenen verwendet wird, wie beispielsweise Arens et al. (2010, S. 5) schreiben. Mathematik kann dabei verwendet werden um Resultate wissenschaftlich zu beschreiben und zu plausibilisieren. Darum stellt die Mathematik eine kulturübergreifende Sprache dar und erhält nach Brunner (2014, S. 22) eine kulturumspannende und kommunikative Bedeutung. Die formal-symbolische Sprachweise in der Mathematik verfasst wird und die einheitliche Verwendung des ihr zugrundeliegenden axiomatischen Regelwerkes sind von der sie verwendenden Kultur unabhängig. Damit ist sie kulturübergreifend zur Beschreibung und Erklärung von Modellen und Phänomenen, aus unterschiedlichen wissenschaftlichen Disziplinen universell verständlich, wie ebenfalls bei Brunner (2014, S. 22) zu lesen ist.

Da Mathematik und somit auch ihre Sprache strengen Regeln folgt und sie auf beweisbaren, logischen und unwiderlegbaren Sätzen und Axiomen aufgebaut und argumentiert ist, ist es möglich durch sie über die reine Mathematik an sich hinausgehende Kompetenzen zu erwerben und zu trainieren. Darauf soll im nächsten Abschnitt eingegangen werden.

2.3   Mathematik: Eine Schlüsselkompetenz

Die Mathematik ist nicht nur für Mathematiker wichtig. Diese Wissenschaft betrifft alle Menschen, da sie alle Lebensbereiche durchdringt und nahezu überall angekommen ist, sodass sie jeden direkt oder zumindest indirekt betrifft. Sowohl in der Telekommunikation, der Navigation, der Industrie, der Medizin, der Raumfahrt und auch bei Meinungsbefragungen kommt sie zum Einsatz, da sie eine die wissenschaftlichen Disziplinen übergreifende Sprache darstellt, wie Arens et al. (2010, S. 4 f.) angeben.

Ein solides mathematisches Verständnis ist auch für einen Wirtschaftswissenschaftler unverzichtbar. Viele Rechenoperationen werden beispielsweise von Software-Lösungen durchgeführt, da sie wesentliche Vorteile in Geschwindigkeit und Präzision im Vergleich zum Menschen aufweisen. Allerdings sollte man, wie Arens et al. (2010, S. 5) schreiben einer Software nie blind vertrauen und Ergebnisse immer kritisch hinterfragen und auf Plausibilität prüfen. Hierzu ist es nötig die Rechnung im Hintergrund zu verstehen um sie nachvollziehen zu können.

Als Beispiel können hier Web Analytics-Tools angeführt werden, die viele Rechnungen durchführen können und eine große Hilfe im beruflichen Alltag, beispielsweise in einer Marketing-Abteilung, darstellen. Dennoch ist es unabdingbar, Ergebnisse zu hinterfragen und Nachjustierungen vorzunehmen, was ohne ein generelles Verständnis der zugrundeliegenden mathematischen Logik nur schwer möglich ist. Es gibt zahlreiche weitere Beispiele und Situationen in denen Mathematik auch in den Wirtschaftswissenschaften Anwendung findet. Zahllose Modelle aus Betriebs- und Volkswirtschaftslehre sind in der Sprache „Mathematik" aufgebaut und beschrieben.

Mathematik ist mehr als bloßes Denken in abstrakten Formeln. Die Mathematik ist eine sehr kommunikationsintensive Disziplin, wie Langemann et al. (2016, S. 12 f.) ausführen, da hinter ihr streng logische Argumentationen stehen, die primär in menschlicher Sprache erdacht werden. Weiter führen sie aus, dass Argumentation einer der wichtigsten Bereiche der Mathematik ist. Die Fähigkeit des logischen Argumentierens ist eine Schlüsselfähigkeit, die im Berufsleben absolut notwendig ist. Dort wird es oft darum gehen stichhaltig argumentieren und überzeugen zu können. In dieser Hinsicht ist die Mathematik eine sehr gute Lehrmeisterin, da sie ihren Anwender zwingt logisch argumentativ vorzugehen. Dies gilt insbesondere auch bei Beweisen, wie Langemann et al. (2016, S. 25 ff.) ausführen.

Die Fähigkeit, das Wesentliche eines Problems zu erkennen und gelerntes darauf anwenden zu können indem man Gemeinsamkeiten erkennt die für die Lösung von Bedeutung sind nennt man Abstraktion. Diese Fähigkeit besitzt im wissenschaftlichen Arbeiten und auch darüber hinaus eine große Bedeutung. Die Mathematik ist auch für diese Fähigkeit eine gute Lehrmeisterin, denn sie ist unabdingbarer Bestandteil mathematischen Denkens und Arbeitens, wie Arens et al. (2010, S. 5) schreiben. Weiter wird dort ausgeführt, dass es ist nicht Sinn und Zweck ist lediglich Lösungsschemata auswendig zu lernen und anzuwenden, da sie, wie Langemann et al. (2016, S. 186) ergänzt, in den meisten Situationen nicht weiterhelfen können und es dann nötig ist ein Problem auf Basis von grundlegendem Verständnis zu betrachten um eine Lösung zu finden.

Dies war nur ein kleiner Auszug an Kompetenzen die durch die Beschäftigung mit Mathematik erworben und auf andere Bereiche abseits der Mathematik transferiert werden können. Gewiss gibt es weitere Beispiele, auf die im Rahmen dieser Ausarbeitung nicht weiter eingegangen werden soll und kann, da dies den Rahmen einer Hausarbeit sprengen würde. Es ging vielmehr darum zu zeigen, dass die Mathematik keine lästige Pflicht eines wirtschaftswissenschaftlichen Studiums ist, sondern ein wichtiger Teil davon der im Verlauf eines Studiums und auch danach von großem Nutzen ist.

3 Einführung in die mathematische Beweisführung

Im vorangegangenen Kapitel wurde erläutert, dass es sich bei der Mathematik um eine eigenständige Wissenschaft handelt. In diesem Kapitel wird dieses Verständnis dahingehend erweitert, dass es sich bei der Mathematik um eine beweisende Wissenschaft handelt, wie beispielsweise bei Arens et al. (2010, S. 14) und bei Langemann et al. (2016, S. 25) ausgeführt wird. Als solche versteht sie sich auch, da sie sich durch Beweise konstituiert, wie Brunner (2014, S. 12) schreibt. Dies wird auch daran ersichtlich, dass ein wesentliches Element der Mathematik Sätze darstellen, die erst durch einen Beweis zum Satz werden, wie bei Arens et al. (2010, S. 14 ff.) zu lesen ist.

Bevor im Folgenden auf die verschiedenen Beweisverfahren der Mathematik und dabei auf das Verfahren der vollständigen Induktion im Besonderen eingegangen wird, soll zunächst eine allgemeine Einführung in die mathematische Beweisführung erfolgen. Dabei soll erläutert werden, warum mathematische Beweise notwendig sind, wie ein mathematischer Beweis allgemein funktioniert und aufgebaut sein sollte und was das Ziel eines mathematischen Beweises ist.

3.1 Warum sind mathematische Beweise notwendig

Zu Beginn dieses Abschnitts soll kurz erläutert werden welchen Stellenwert das Beweisen in der Mathematik hat und was ein mathematischer Beweis überhaupt ist. Daran wird deutlich, warum Beweise in dieser Wissenschaft überaus wichtig oder sogar essentiell sind, wie zahlreiche Autoren mathematischer Fachliteratur anführen.

Ein mathematischer Beweis ist die auf bereits bewiesenen Sätzen oder Axiomen basierende, widerspruchsfreie und formalen Anforderungen folgende Herleitung und Argumentation einer wahren Aussage, die als solche anerkannt wird.

Mathematische Beweise sind absolut notwendig und zentraler Bestandteil der Mathematik, da sie nach Arens et al. (2010, S. 22) „Kern und Wesen" der Wissenschaft darstellen und zugleich deren wichtigste und anspruchsvollste Tätigkeit sind, wie es Brunner (2015, V) ausführt. Daneben sind Beweise nach Brunner (2014, S. 12) auch Träger von Wissen, Strategien und Methoden und besitzen durch ihr universell gültiges axiomatisches Regelwerk einen kulturumspannenden Charakter, durch den diese Wissenschaft ihre Erkenntnisse allen Menschen unabhängig ihrer kulturellen Herkunft zugänglich macht.

Sätze und Beweise sind, wie Arens et al. (2010, S. 14) schreiben, die zentralen Bestandteile der Mathematik. Der Satz ist dabei die Komponente, die als Werkzeug und zentraler Inhalt fungiert, während der Beweis die Komponente darstellt, die den Satz zum Satz macht, wie Brunner (2014, S. 17) schreibt.[1]

---

[1] vgl. auch Arens et al. 2010, S. 22

Unter einem Satz ist in der Mathematik eine wahre Aussage zu verstehen, die aus wahren Aussagen hergeleitet oder auf Axiome zurückgeführt werden kann, wie beispielsweise Dieser et al. (2016, S. 13) schreiben[2]. Neben dem Fakt der Wahrheit und Beweisbarkeit muss ein Satz auch weitreichende Auswirkungen auf die Mathematik und deren Anwendung haben, wie Arens et al. (2010, S. 22) ausführen.

Zur Verdeutlichung kann hierbei der Satz des Pythagoras angeführt werden. Seine Aussage gilt nicht nur für ein spezielles Problem, sondern stellt eine wahre Aussage für alle rechtwinkligen Dreiecke dar und findet in vielen wissenschaftlichen Disziplinen Anwendung. Demgegenüber stellt die wahre Aussage „3 < 4" keinen Satz dar. Sie ist zwar wahr und beweisbar, verfügt jedoch nicht über die Tragweite um als Satz zu gelten, wie bei Arens et al. (2010, S. 22) argumentiert wird.

Besonders aus Perspektive des Anwenders, auch aus anderen wissenschaftlichen Disziplinen, sind es oft Sätze, die in Problemstellungen und Modellen Anwendung finden. Hierbei ist es wichtig, dass nicht nur der Satz an sich angewendet werden kann. Es sollte auch grundlegendes Verständnis darüber vorhanden sein, warum ein Satz Anwendung finden darf, also wie er hergeleitet wurde, wie beispielsweise Langemann et al. (2016, S. 186) ausführen. In diesem „Verstehen" besteht nämlich ebenfalls nach Langemann et al. (2016, S. 25) der Unterschied zwischen Mathematik und einfachem Rechnen. Darum ist es wichtig grundlegendes Verständnis von Beweisen zu haben, auch wenn man sich nicht mit reiner Mathematik, sondern lediglich ihrer Anwendung im Spezialfall befasst.

3.2 Wie ist ein mathematischer Beweis aufgebaut

Nach diesem kurzen Überblick über den Stellenwert von Beweisen in der Mathematik und der Herausstellung ihrer Wichtigkeit soll in diesem Abschnitt eine allgemeine Einführung dahingehend erfolgen, wie ein Beweis funktioniert und aufgebaut sein sollte. Hier wird jedoch noch nicht auf die eigentliche Beweisführung eingegangen, vielmehr soll auf formale Kriterien hingewiesen werden.

Zunächst soll kurz erwähnt werden, dass ein Beweis generell auf zwei Arten erfolgen kann,

- deduktiv (vom Allgemeinen zum Speziellen) oder
- induktiv (vom Speziellen zum Allgemeinen),

wie es auch Brunner (2014, S. 7 ff.) abgrenzt, worauf später noch näher eingegangen wird.

Ein mathematischer Beweis ist nach Theobald et al. (2016, S. 7) eine Folge von zwingend mathematisch korrekten Schlussfolgerungen, aus denen letztlich Allgemeingültigkeit hergeleitet werden kann. Neben Theobald et al. weisen auch andere Autoren darauf hin, dass es sich bei einem Beweis um eine argumentative, auf wahren Aussagen gestützte Kette von Schlussfolgerungen handelt.

---

[2] vgl. auch Cristiaans et al. 2016

Zunächst ist zu erwähnen, dass es sich bei einem Beweis nach Brunner (2014, S. 17 f.) um einen Prozess handelt, der streng logischen Regeln zu folgen hat um allgemeine Anerkennung zu erfahren. Die formalen Kriterien sehen vor, dass ein mathematischer Beweis lückenlos dokumentiert und verschriftlicht sein muss. Die Verschriftlichung muss die verwendete argumentative Kette, die eine Rückführung der wahren Aussage auf bereits bewiesene Sätze oder Axiome beinhaltet, so darstellen, dass sie von der mathematischen Fachgemeinschaft nachvollzogen und überprüft werden kann, um allgemeine Anerkennung und Gültigkeit zu erhalten, wie Brunner (2014, S. 17 f.) ausführt.

Auch Arens et al. (2010, S. 23 f.) weisen auf die Wichtigkeit der formalen Ausgestaltung eines mathematischen Beweises hin und geben zugleich einen formalen Rahmen an, an dem man sich im Idealfall auch halten sollte um die formalen Anforderungen zu erfüllen. Demnach sollte ein Beweis folgende strukturellen Elemente enthalten,

- die Voraussetzungen unter denen die Aussage wahr ist,
- die Behauptung die bewiesen werden soll,
- den eigentlichen Beweis und
- eine Kennzeichnung, dass der Beweis beendet ist.

Unter den Voraussetzungen ist ein Rahmen zu verstehen, indem die zu beweisende Behauptung Gültigkeit besitzen soll. Die Behauptung ist die Aussage die letztlich bewiesen werden soll, wobei Voraussetzung und Behauptung oftmals in aggregierter Form zusammen vorliegen. Der eigentliche Beweis ist die Folge von Argumenten, die die Rückführung der Behauptung auf Sätze oder Axiome darstellt, die von anderen Personen nachvollzogen werden kann. Die Kennzeichnung dessen, dass ein Beweis abgeschlossen ist, da dies nicht immer direkt ersichtlich ist, sollte in Form einer dafür anerkannten Abkürzung erfolgen. Erwähnt werden sollen hier „w. z. b. w." und „q. e. d.". Dabei steht erstgenanntes für „was zu beweisen war" und letzteres für „quod erat demonstrandum". Das Ende kann auch durch ein Kästchen „∎" dargestellt werden, wie bei Arens et al. (2010, S. 23 f.) zu lesen ist.

Auch andere Autoren wie beispielsweise Theobald et al. (2016, S. 7 f.) weisen auf diese Struktur hin und empfehlen sie zu verwenden. Zur Veranschaulichung soll nun ein einfacher Beweis erfolgen.

Voraussetzung: $x \in \mathbb{R}$ und $x > 1$

Behauptung: $6x + 3 > 3x + 6$

Beweis:

$$x > 1$$
$$\Rightarrow \quad 3x > 3$$
$$\Rightarrow \quad 3x + 3 > 6$$
$$\Rightarrow \quad 6x + 3 > 3x + 6$$

$$\blacksquare$$

Nach diesem kurzen Beispiel[3] sollten die Begrifflichkeiten klar sein und es können nun durch mathematische Beweise verfolgte Ziele betrachtet werden, wovon der folgende Abschnitt handeln soll.

3.3 Was ist das Ziel eines mathematischen Beweises

Nachdem die Grundstruktur eines mathematischen Beweises dargestellt und erläutert wurde, soll es in diesem Abschnitt darum gehen, welche Ziele mit mathematischen Beweisen verfolgt werden. Darauf wurde bereits in vorangegangenen Teilen der Ausarbeitung eingegangen wie beispielsweise die widerspruchsfreie Argumentation von Sätzen, die erst durch Beweis den Status eines Satzes erhalten. Im Folgenden sollen die Ziele konzentriert dargestellt und einige Ergänzungen vorgenommen werden.

Das Ziel eines Beweises ist nach Grieser (2013, S. 142) die logische und vollständige Begründung einer Aussage um dieser Allgemeingültigkeit zu verleihen, denn solange eine Aussage nicht bewiesen ist, könnte sie falsch sein, selbst wenn sie durch zahllose Beispiele gestützt ist. In dieser Aussage steckt ein weiteres Ziel, welches durch mathematische Beweisen verfolgt wird, nämlich die Widerspruchsfreiheit. Sollte nur ein einziges Gegenbeispiel zu einem Satz gefunden werden, so ist dieser nach Forster (2016, S. 6) falsch. Brunner (2014, S. 17) beschreibt das Ziel des mathematischen Beweisens ebenfalls so, dass eine aufgestellte Behauptung aus bereits bewiesenen Aussagen logisch hergeleitet werden muss und benennt die Widerspruchsfreiheit dabei als ein zentrales Kriterium.

Daneben besitzt ein Beweis sowohl eine überzeugende als auch eine erklärende Funktion, wie Brunner (2014, S. 23) ausführt. Hierbei ist unter der überzeugenden Funktion, wie bereits zuvor erwähnt, die argumentative Leistung des Beweises gemeint, die zwingend logisch und widerspruchsfrei die Allgemeingültigkeit einer Aussage darlegt. Daneben wird unter der erklärenden Funktion die Darstellung der Nachvollziehbarkeit der Zusammenhänge gemeint. Somit verfolgen Beweise, wie bereits erwähnt, das Ziel, Wissen zu tragen und zu verbreiten, wie ebenfalls bei Brunner (2014, S. 14) zu lesen ist.

Außerdem kann in diesem Teil der Ausarbeitung nochmals Arens et al. (2010, S. 22) angeführt werden, die ein weiteres Ziel des mathematischen Beweisens darin sehen, dass durch die erbrachten Beweise vielseitig anwendbare Gesetzmäßigkeiten von großer Tragweite hergeleitet werden, die in verschiedenen Wissenschaften wie beispielsweise der Physik angewendet werden können.

---

[3] entnommen aus Posingies 2012, S. 1

4 Mathematische Beweisverfahren

Nachdem in den ersten Kapiteln auf die Mathematik als Wissenschaft und das mathematische Beweisen im Allgemeinen eingegangen wurde und somit grundlegende Aspekte wie formale Strenge und
allgemeiner Aufbau eines Beweises dargelegt wurden, sowie auch die verfolgten Ziele angeführt wurden, soll in diesem Kapitel auf die einzelnen Verfahren des Beweisens eingegangen werden.

Hierbei soll kurz auf das direkte und indirekte Beweisen eingegangen werden, was aber nur sehr kurz
geschehen soll, da dies nicht das Thema dieser Ausarbeitung ist. Es dient mehr dem allgemeinen Verständnis der Materie. Danach soll in einem umfangreicheren Rahmen das Beweisverfahren der vollständigen Induktion erläutert werden.

4.1 Der direkte Beweis

Eine der grundlegenden Beweismethoden der Mathematik ist der direkte Beweis. Dabei wird versucht
eine Implikation der Form „aus A folgt B" auf Basis bereits bewiesener Sätze oder Rückführung auf
Axiome zu beweisen, wie Meyer (2007, S. 21) ausführt. Auch Brunner (2014, S. 25) beschreibt diese
Vorgehensweise in dieser Form und auch Arens et al. (2010, S. 23) erläutern dieses Verfahren in Form
des argumentativen Schließens. Auch andere Autoren einschlägiger Fachliteratur beschreiben das
Vorgehen in der hier beschriebenen Weise. Insbesondere, wenn es darum geht eine Formel in der Wei-
se umzuformen, dass man eine wahre Aussage erhält, ist nach Arens et al. (2010, S. 23) der direkte
Beweis möglich und anwendbar, auch andere Autoren weisen auf dieses Anwendungsfeld hin.

Zur Veranschaulichung des direkten Beweises soll ein kurzes Beispiel folgen.[4] Zu beweisen ist die
Aussage, dass das Quadrat einer beliebigen geraden ganzen Zahl ebenfalls eine gerade Zahl ist.

Voraussetzung: $n \in \mathbb{Z}$, n gerade (gerade bedeutet durch zwei teilbar)

Behauptung: $n \in \mathbb{Z}$, n gerade $\Rightarrow n^2 \in \mathbb{Z}$, n^2 gerade

Beweis: n gerade $\Rightarrow n = 2k, k \in \mathbb{Z}$

$\Rightarrow n^2 = (2k)^2$

$\Rightarrow n^2 = (2^2 k^2)$

$\Rightarrow n^2 = (2*2k^2)$

$\Rightarrow n^2 = 2*(2k^2), 2k^2 \in \mathbb{Z}$

$\Rightarrow n^2$ ist gerade

∎

---

[4] entnommen aus Christiaans et al. 2016, S. 298

Damit ist der Beweis direkt erbracht, da eine beliebige ganze Zahl multipliziert mit zwei immer durch zwei teilbar und somit gerade ist.

Was zu erkennen ist, ist das eine Aussage der Form „aus A folgt B" hier allgemein und unter Verwendung einer logischen Argumentationskette die auf die Axiome und bereits bewiesene Sätze der Mathematik zurückzuführen ist widerspruchsfrei hergeleitet und somit bewiesen wurde. Daneben wurden auch die formalen Anforderungen befolgt und somit ist die Aussage unter den angeführten Voraussetzungen wahr und die Argumentation zu ihr hin gültig.

Natürlich handelt es sich beim gewählten Beispiel um ein sehr Einfaches, allerdings genügt es im Rahmen dieser Ausarbeitung zur Verdeutlichung der Vorgehensweise bei einem direkten Beweis.

An dieser Stelle muss erwähnt werden, dass der direkte Weg oftmals nicht möglich oder nur unter erheblichem Aufwand möglich ist. In einer solchen Situation kann es hilfreich sein eine Aussage indirekt zu beweisen, wie beispielsweise Arens et al. (2010, S. 23) anführen. Dieser Weg ist auch in anderen Teilbereichen der Mathematik anzutreffen. Als Beispiel für einen solchen Wechsel von direkter zu indirekter Methode kann ein lineares Optimierungsproblem angeführt werden, bei dem es stets zwei Wege zur Lösung gibt. Es kann jeweils das primale oder duale Problem gelöst werden, je nachdem wobei der benötigte Aufwand geringer ist, wie beispielsweise Ellinger et al. (2003, S. 59 ff.) anführen.

4.2   Der indirekte Beweis

Nachdem der direkte Beweis in vorangegangenen Abschnitt dieses Kapitels beschrieben und auch erwähnt wurde, dass der direkte Weg nicht immer der komfortabelste Weg ist, soll an dieser Stelle der indirekte Beweis eingeführt und erläutert werden.

Wie der direkte Beweis ist auch der indirekte Beweis eine zentrale mathematische Beweistechnik. Arens et al. (2010, S. 23) beschreiben sie sogar als nahezu universell einsetzbare Beweistechnik.

Der indirekte Beweis ist aufgrund seines Ansatzes geradezu gegenteilig, wie beispielsweise Brunner (2014, S. 25) oder Christiaans (2016, S. 297 f.) schreiben. Der Ansatz des indirekten Beweises macht nicht die Implikation „aus A folgt B", sondern „wenn B nicht gilt, dann kann auch A nicht gelten". Dieser Ansatz ist der direkten Implikation gleichwertig, was sich aus dem Kontrapositionsgesetz über Aussagen ergibt. Dieses sieht folgendermaßen aus,

$$(A \Rightarrow B) \Leftrightarrow (\neg B) \Rightarrow (\neg A)$$

und besagt, dass wenn aus A B folgt, ist dies gleichbedeutend damit, dass wenn B nicht gilt daraus folgt, dass auch A nicht gilt.

Genau das ist es, was beim indirekten Beweis versucht wird und wodurch die eigentliche Aussage bewiesen wird. Denn wenn die Annahme B nicht stimmt, dann stimmt auch die Annahme A nicht und führt so einen Widerspruch zur eigentlichen Annahme A herbei, wodurch die Implikation, dass aus A B folgt wieder wahr ist, da die Annahme das A falsch sei selbst falsch ist.

Wie auch beim direkten Beweis zuvor soll auch hier zur Verdeutlichung ein einfaches Beispiel[5] erfolgen, welches indirekt bewiesen werden soll.

Zu beweisen ist die Aussage, dass, wenn ein beliebiges Quadrat einer ganzen Zahl eine gerade Zahl ist, dann ist auch die ihr zugrundeliegende, nicht quadrierte Zahl eine gerade ganze Zahl. Die Kontraposition zu dieser Aussage ist, dass wenn eine beliebige Zahl eine ungerade Zahl ist, dann ist auch ihr Quadrat eine ungerade Zahl. Diese Aussage soll hier bewiesen werden.

Voraussetzung: $n \in \mathbb{Z}$, n ungerade[6]

Behauptung: $n \in \mathbb{Z}$, n ungerade $\Rightarrow n^2 \in \mathbb{Z}$, n^2 ungerade

Beweis: n ungerade $\Rightarrow n = 2k + 1$, $k \in \mathbb{Z}$

$$\Rightarrow n^2 = (2k + 1)^2$$
$$\Rightarrow n^2 = 4k^2 + 4k + 1$$
$$\Rightarrow n^2 = 2*(2k^2 + 2k) + 1, \ 2*(2k^2 + 2k) \text{ ist gerade}$$
$$\Rightarrow n^2 \text{ ist ungerade}$$

∎

Damit ist der Beweis indirekt erbracht, da eine beliebige ganze Zahl multipliziert mit zwei und um eins erhöht nie durch zwei teilbar und somit ungerade ist und dies auch, wie der Beweis zeigt, für ihr Quadrat gilt. Das bedeutet, wenn eine ganzzahlige Quadratzahl nicht ungerade ist, ist auch die ihr zugrundeliegende Zahl nicht ungerade und genau dies war die zu beweisende Behauptung.

Nachdem nun sowohl der Weg des direkten und indirekten Beweises kurz gezeigt wurde, wird zuletzt ein weiteres Verfahren eingeführt mit dem Aussagen bewiesen werden können, nämlich die vollständige Induktion, bei der es sich wie Arens et al. (2010, S. 71) schreiben um ein sehr mächtiges Beweisinstrument handelt. Von diesem Verfahren soll der folgende Abschnitt handeln.

4.3   Beweis durch vollständige Induktion

Bevor in diesem Kapitel die Beweismethode der vollständigen Induktion eingeführt wird, soll zunächst eine Abgrenzung der Begrifflichkeiten Induktion und vollständige Induktion erfolgen.

Weiter oben wurde bereits angeführt, dass ein Beweis sowohl deduktiv, also vom Allgemeinen zum Speziellen als auch induktiv vom Speziellen zum Allgemeinen hin erfolgen kann, wie beispielsweise

---

[5] entnommen aus Christiaans et al. 2016, S. 298
[6] ungerade bedeutet nicht durch zwei teilbar

Brunner (2014, S. 18) anführt. Hierbei darf aber das Prinzip der Induktion als solches nicht mit dem der vollständigen Induktion verwechselt werden. Bei der Induktion handelt es sich um ein Verfahren, dass durch Beobachtung von Spezialfällen hin zur Allgemeingültigkeit quasi empirisch schließt und in verschiedensten Wissenschaften Anwendung findet, wie beispielsweise Brunner (2014, S. 26) schreibt. So nutzen beispielsweise Backhaus et al. (2015, S. 95 f.) eine empirisch induktive Methode zur Systematisierung von Ansätzen des Industriegütermarketings. Es ist auch zu beachten, dass ein induktiver Schluss nicht automatisch Allgemeingültigkeit belegt. Schließlich ist es immer möglich, dass zu einem empirisch erbrachten Beweis ein Gegenbeispiel gefunden wird, wodurch die Anforderung der Widerspruchsfreiheit an einen einwandfreien Beweis nicht mehr erfüllt wäre, wie Brunner (2010, S: 51 f.) ebenfalls anmerkt. Daneben führt sie auch an, dass es sich beim Verfahren der vollständigen Induktion um eine Besonderheit der Mathematik handelt. Deshalb dürfen diese Begriffe nicht verwechselt und keinesfalls analog zueinander verwendet werden.

Nachdem die Abgrenzung erfolgt ist, kann das mathematische Beweisverfahren eingeführt und erläutert werden.

Verschiedene Autoren mathematischer Fachliteratur wie beispielsweise Forster (2016, S. 1) und auch Arens et al. (2010, S. 71) sind sich darüber einig, dass es sich bei der vollständigen Induktion um ein sehr wichtiges und mächtiges Beweisinstrument handelt. Allerdings gibt es auch Autoren, die dies nicht so sehen, wie beispielsweise Grieser (2013, S. 57 ff.) worauf noch eingegangen werden soll.

Bei der vollständigen Induktion handelt es sich nach Pólya (1995, S. 133) um ein Beweisverfahren um Sätze von besonderer Art zu beweisen und ihnen damit allgemeine Gültigkeit zu geben. Diese besondere Art von Sätzen wird von Grieser (2013, S. 55) so beschrieben, dass es sich dabei um Aussagen der Form handeln muss, dass diese für alle natürlichen Zahlen gelten.

Nach Grieser (2013, S. 55) basiert das Verfahren der vollständigen Induktion auf dem Prinzip der Rekursion, welches er so beschreibt, dass ein Problem zunächst auf ein kleineres Problem zurückgeführt wird und dadurch versucht wir auch für das grundlegende Problem eine Lösung zu finden. Diese Vorgehensweise wird nach ihm bei der vollständigen Induktion angewendet, was durchaus so gesehen und interpretiert werden kann, da bei der vollständigen Induktion versucht wird eine allgemeingültige Gesetzmäßigkeit zu beweisen, indem ein Spezialfall zunächst für ein triviales Problem dieses Falles bewiesen und daraus auf das grundlegende Problem geschlossen wird.

Die axiomatische Verankerung der vollständigen Induktion ist nach Neunhäuserer (2015, S. 194) im fünften Peano Axiom zu finden. Die Peano Axiome sind die Axiome die die natürlichen Zahlen beschreiben und charakterisieren, sie sind im Anhang A, S. 26 zu finden.

Das fünfte Peano Axiom wird auch Induktionsaxiom genannt, wie beispielsweise bei Neunhäuserer (2015, S. 194) zu lesen ist. Es besagt folgendes, ist $A \subseteq \mathbb{N}$ und gelte $0 \in A$ sowie $\bar{n} \in A$ für alle $n \in A$; dann gilt $A = \mathbb{N}$, wobei $\bar{n}$ der Nachfolger von n ist. Dieser Nachfolger wird im zweiten Axiom von

Peano definiert und besagt, dass jedes $n \in \mathbb{N}$ einen Nachfolger $\bar{n} \in \mathbb{N}$ hat mit $\bar{n} = n + 1$. Es besagt, dass für den Fall, dass A eine Teilmenge der natürlichen Zahlen ist und die Null ein Element dieser Menge A ist und wenn jedes n ein Element von A ist wie auch jeder Nachfolger von n ein Element dieser Menge ist, dann A der Menge der natürlichen Zahlen entspricht, wie bei Hoppenbrock et al. (2016, S. 346) geschrieben steht.[7] Dieser Ansatz entspricht dem Ansatz der Beweismethode der vollständigen Induktion, die besagt, dass wenn für eine Menge von Aussagen A(n) mit $n \in \mathbb{N}$, A(0) wahr ist und aus A(n) auch A(n + 1) folgt, dann gilt die Aussage für jedes beliebige n.

Nachdem nun grundlegende theoretische Aspekte zur Beweismethode der vollständigen Induktion, wie beispielsweise ihre axiomatische Verankerung in den Axiomen zur Charakterisierung der natürlichen Zahlen erläutert und auch eine Abgrenzung zwischen Induktion und vollständiger Induktion erfolgt ist, soll nun das eigentliche Beweisverfahren erläutert werden. Hierzu wird die von verschiedenen Autoren[8] vorgeschlagene formale Grundstruktur angesprochen und beleuchtet werden und in einem weiteren Schritt die einzelnen Elemente dieser Struktur erläutert werden. Danach soll dieses Kapitel mit einem veranschaulichenden Beispiel abschließen.

Ein Beweis durch vollständige Induktion besteht nach Arens (2010, S. 73) aus dem Induktionsanfang und dem Induktionsschritt. Der Induktionsschritt setzt sich dabei wiederum aus verschiedenen Teilen zusammen. Diese sind die Induktionsannahme oder auch Induktionsvoraussetzung, der Induktionsbehauptung und dem eigentlichen Beweis, wobei hier gezeigt werden muss, dass die Induktionsbehauptung aus der Induktionsannahme wirklich folgt. Wie bei den zuvor beschriebenen Beweisverfahren ist auch bei der vollständigen Induktion die formale Grundstruktur eines Beweises bestehend aus Voraussetzung, Behauptung und eigentlichem Beweis zu erkennen.

Beim Induktionsanfang wird zunächst gezeigt, dass die zu beweisende Aussage für den trivialen Fall, dass $n = 0$ (beziehungsweise einem anderen trivialen Wert von n, je nachdem was bewiesen werden soll) wahr ist. Daran anschließend folgt der aus mehreren Schritten bestehende Induktionsschritt.

Im Verlauf des Induktionsschritts soll gezeigt werden, dass aus der Gültigkeit der Aussage A(n) die Gültigkeit von A(n + 1) folgt, wenn n ein Element der natürlichen Zahlen ist. Hierfür wird in der Induktionsannahme die Aussage A(n) als wahr vorausgesetzt. Daran anschließend wird in der Induktionsbehauptung die Behauptung aufgestellt, dass auch die Aussage A(n + 1) wahr ist. Diese muss letztlich im eigentlichen Beweis argumentiert werden, was nach Arens (2010, S. 73) der eigentlich wichtige und entscheidende Teil eines Beweises durch vollständige Induktion ist. Wird dieser Beweis erbracht, ist die Aussage für alle $n \in \mathbb{N}$ wahr und damit allgemeingültig.

Nachdem die formale Gliederung eines Beweises durch vollständige Induktion erläutert ist, soll abschließend ein Beispiel folgen, um das Verfahren zu verdeutlichen.

---

[7] vgl. auch Deiser et al. S. 31 ff. und Winter S. 145 ff.
[8] beispielsweise Arens et al. 2010, S. 73; Grieser 2013, S. 55 und Brunner 2014, S. 26 ff.

Das Beispiel[9] ist als einfach zu betrachten. Es geht um die Behauptung, dass die Summe der ersten n Quadratwurzeln einer von n abhängigen Zahl entsprechen.

$$\sum_{k=1}^{n} k^2 = \frac{n(n+1)(2n+1)}{6}$$

Es ist durch vollständige Induktion zu zeigen, dass die Aussage für alle $n \in \mathbb{N}$ gilt. Hierzu müssen die zuvor erwähnten Schritte der Reihe nach durchgeführt werden, beginnend mit dem Induktionsanfang.

Induktionsanfang: Für $n = 1$ gilt:

$$\sum_{k=1}^{1} 1^2 = \frac{1(1+1)(2+1)}{6}$$

Diese Darstellung erhält man, indem man an jeder Stelle an der zuvor n stand stattdessen „1" einsetzt. Formt man die beiden Seiten der Gleichung um erhält man eine wahre Aussage.

$$1 = 1$$

Somit ist die Aussage im trivialen Fall wahr. Danach folgt der Induktionsschritt, indem von n auf $n + 1$ geschlossen wird. Dieser beginnt mit der Induktionsvoraussetzung, die als wahr angenommen wird.

Induktionsschritt: Schluss von n auf $n + 1$.

Induktionsvoraussetzung: Für n gilt:

$$\sum_{k=1}^{n} k^2 = \frac{n(n+1)(2n+1)}{6}$$

Induktionsbehauptung: Für $n + 1$ gilt:

$$\sum_{k=1}^{n+1} k^2 = \frac{(n+1)\big((n+1)+1\big)(2(n+1)+1)}{6}$$

$$\sum_{k=1}^{n+1} k^2 = \frac{(n+1)(n+2)\big((2n+2)+1\big)}{6}$$

$$\sum_{k=1}^{n+1} k^2 = \frac{(n+1)(n+2)(2n+3)}{6}$$

---

[9] entnommen aus Posingies 2012, S. 2 f.

Nun ist unter Zuhilfenahme der Induktionsvoraussetzung durch äquivalente Umformungen zu zeigen bzw. zu beweisen, dass die aufgestellte Induktionsbehauptung stimmt. Hierzu wird zunächst die linke Seite der Gleichung der Induktionsbehauptung gemäß geltender Rechenregeln umgeformt.

$$\sum_{k=1}^{n+1} k^2 = (n+1)^2 + \sum_{k=1}^{n} k^2$$

In diesem ersten Schritt wurde die Summe umgeformt. Zu erkennen ist, dass auf der rechten Seite der Gleichung wiederum eine Summe steht, die der Induktionsvoraussetzung entspricht, die wir als wahr voraussetzen. Deshalb kann diese hier eingesetzt werden.

$$\sum_{k=1}^{n+1} k^2 = (n+1)^2 + \frac{n(n+1)(2n+1)}{6}$$

An dieser Stelle ist die hauptsächliche Arbeit getan. Es geht nun darum den rechten Teil der Gleichung umzuformen und zu vereinfachen. Man könnte an dieser Stelle auch auf der linken Seite der Gleichung die Induktionsbehauptung einsetzen und die dann entstehende Gleichung auf eine wahre Aussage führen. Dieser Weg ist manchmal einfacher, allerdings wird das Ergebnis wesentlich kompakter und übersichtlicher, wenn man lediglich die linke Seite der Gleichung umformt und so die Äquivalenz zur Induktionsbehauptung zeigt, was nun an dieser Stelle erfolgen soll.

$$\sum_{k=1}^{n+1} k^2 = (n+1)^2 + \frac{n(n+1)(2n+1)}{6}$$

$$\sum_{k=1}^{n+1} k^2 = \frac{6(n+1)^2}{6} + \frac{n(n+1)(2n+1)}{6}$$

$$\sum_{k=1}^{n+1} k^2 = \frac{6(n+1)^2 + n(n+1)(2n+1)}{6}$$

$$\sum_{k=1}^{n+1} k^2 = \frac{(n+1)\big(6(n+1) + n(2n+1)\big)}{6}$$

$$\sum_{k=1}^{n+1} k^2 = \frac{(n+1)(6n+6+2n^2+n)}{6}$$

$$\sum_{k=1}^{n+1} k^2 = \frac{(n+1)(6n+6+2n^2+n)}{6}$$

$$\sum_{k=1}^{n+1} k^2 = \frac{(n+1)(2n^2+7n+6)}{6}$$

$$\sum_{k=1}^{n+1} k^2 = \frac{(n+1)(n+2)(2n+3)}{6}$$

Setzt man an dieser Stelle die Induktionsbehauptung auf der rechten Seite der Gleichung ein, erkennt man, dass die rechte Seite der Gleichung der linken Seite entspricht, wodurch die Aussage für alle $n \in \mathbb{N}$ wahr und damit bewiesen ist.

$$\frac{(n+1)(n+2)(2n+3)}{6} = \frac{(n+1)(n+2)(2n+3)}{6}$$

∎

Nach diesen Umformungen ist zu erkennen, dass das Ergebnis des Induktionsschritts unter Zuhilfenahme der Induktionsvoraussetzung wiederum der Induktionsbehauptung entspricht, womit der Beweis der Behauptung durch vollständige Induktion für alle $n \in \mathbb{N}$ erbracht ist.

Anhand dieses Beispiels sollte die Funktionsweise dieser Beweismethode klar sein und dieses Kapitel kann damit geschlossen werden. Nun soll es in einem weiteren Kapitel darum gehen, für welche Arten von Aufgaben die vollständige Induktion als Beweisverfahren geeignet ist.

5   Anwendungsmöglichkeiten der vollständigen Induktion

Nachdem die Methode der vollständigen Induktion erläutert und an einem Beispiel gezeigt wurde, sollen in diesem Kapitel die Anwendungsmöglichkeiten dieser Beweismethode kurz vorgestellt werden. Allerdings soll vorab erwähnt werden, dass dies kein umfassender Überblick ist, sondern lediglich einige Anwendungsmöglichkeiten gezeigt werden. Es gibt weitere, als die hier genannten Anwendungsgebiete, auf die allerdings nicht näher eingegangen werden soll, da diese den Rahmen dieser Arbeit definitiv sprengen würden und auch andere mathematische Voraussetzungen benötigen würden, als die, die in einem wirtschaftswissenschaftlichen Studiengang erforderlich sind. Dieses Kapitel ist in der Form aufgebaut, dass das Anwendungsgebiet kurz angesprochen wird und dann jeweils ein kurzes Beispiel folgt.

Wie bereits zuvor angesprochen wurde, soll an dieser Stelle nochmals erwähnt werden, dass die vollständige Induktion für Beweise der Aussagen „für alle natürlichen Zahlen gilt" prädestiniert ist, wie beispielsweise Grieser (2013, S. 55) schreibt.

5.1   Anwendungsgebiet 1: Summen- und Produktwerte

Bereits im Abschnitt zur vollständigen Induktion im Kapitel zu den mathematischen Beweisverfahren wurde gezeigt, dass die vollständige Induktion als Beweisverfahren zur Argumentation von Summenwerten geeignet ist. Da hierzu bereits ein Beispiel erfolgt ist soll an dieser Stelle kein weiteres Beispiel erfolgen, da dies der Veranschaulichung genügen sollte.

Neben Summenwerten ist die vollständige Induktion auch zum Beweis von Aussagen über Produktwerte geeignet. Produktwerte sind von ihrer Struktur her den Summenwerten sehr ähnlich, wobei die einzelnen Kettenglieder eben nicht aufaddiert, sondern jeweils miteinander multipliziert werden.

Hierzu soll an dieser Stelle ein kleines Beispiel, entnommen aus Müller et al. (2007, S.1), folgen.

$$\prod_{k=1}^{n} 4^k = 2^{n(n+1)}, für\ n \in \mathbb{N}$$

Induktionsanfang: Für $n = 1$ gilt:

$$\prod_{k=1}^{1} 4^k = 2^{1(1+1)}$$

$$4^1 = 2^2$$

$$4 = 4$$

Damit ist die Aussage im trivialen Fall für $n = 1$ bewiesen.

Induktionsschritt: Schluss von n auf $n + 1$:

Induktionsvoraussetzung: Für n gilt:

$$\prod_{k=1}^{n} 4^k = 2^{n(n+1)}$$

Induktionsbehauptung: Für $n + 1$ gilt:

$$\prod_{k=1}^{n+1} 4^k = 2^{(n+1)((n+1)+1)}$$

$$\prod_{k=1}^{n+1} 4^k = 2^{(n+1)(n+2)}$$

Beweis:

$$\prod_{k=1}^{n+1} 4^k = 4^{n+1} * \prod_{k=1}^{n} 4^k$$

$$\prod_{k=1}^{n+1} 4^k = 4^{n+1} * 2^{n(n+1)}$$

$$\prod_{k=1}^{n+1} 4^k = 2^{2(n+1)} * 2^{n(n+1)}$$

$$\prod_{k=1}^{n+1} 4^k = 2^{2(n+1)} * 2^{n(n+1)}$$

$$\prod_{k=1}^{n+1} 4^k = 2^{n+2} * 2^{n^2+2n}$$

$$\prod_{k=1}^{n+1} 4^k = 2^{n^2+3n+2}$$

$$\prod_{k=1}^{n+1} 4^k = 2^{(n+1)(n+2)}$$

$$2^{(n+1)(n+2)} = 2^{(n+1)(n+2)}$$

∎

Somit ist zu erkennen, dass das Ergebnis des Induktionsschritts unter Zuhilfenahme der Induktionsvoraussetzung wiederum der Induktionsbehauptung entspricht, womit der Beweis der Behauptung durch vollständige Induktion für alle $n \in \mathbb{N}$ für den Produktwert erbracht ist.

Dieses Beispiel sollte die Funktionsweise der Beweismethode für Produktwerte aufzeigen und diesen Abschnitt abrunden und abschließen.

5.2 Anwendungsgebiet 2: Teilbarkeit von natürlichen Zahlen

Ein weiteres wichtiges Anwendungsgebiet der Beweismethode der vollständigen Induktion ist die Teilbarkeit von natürlichen Zahlen. Durch Führen dieser Art von Beweisen können allgemeine wahre Aussagen in der Hinsicht hergeleitet werden, dass eine von n abhängige natürliche Zahl durch eine definierte oder ebenfalls abhängige natürliche Zahl teilbar ist.

Hierzu soll ebenfalls ein einfaches Beispiel, entnommen aus Müller et al. (2007, S. 1), erfolgen.

$$4n^3 - n \ ist \ für \ alle \ n \in \mathbb{N} \ durch \ 3 \ teilbar$$

Induktionsanfang: Für $n = 1$ gilt:

$$4 * 1^3 - 1 = 3$$

Wird n durch „1" ersetzt, dann erhält man als Ergebnis „3" und dies ist wiederum ohne Rest durch „3" teilbar und auch eine natürliche Zahl, wodurch die Aussage wahr ist.

Induktionsschritt: Schluss von n auf n +1:

Induktionsvoraussetzung: Für n gilt:

$$4n^3 - n = 3m, für \ m \in \mathbb{N}$$

Induktionsbehauptung: Gilt auch für $n + 1$:

$$4(n + 1)^3 - (n + 1), ist \ für \ alle \ n \in \mathbb{N} \ durch \ 3 \ teilbar$$

Beweis:

$$4(n + 1)^3 - (n + 1) = 4(n + 1)(n + 1)(n + 1) - (n + 1)$$

$$4(n + 1)^3 - (n + 1) = 4(n^2 + 2n + 1)(n + 1) - (n + 1)$$

$$4(n + 1)^3 - (n + 1) = 4(n^3 + 3n^2 + 3n + 1) - (n + 1)$$

$$4(n + 1)^3 - (n + 1) = 4n^3 + 12n^2 + 12n + 4 - n - 1$$

$$4(n + 1)^3 - (n + 1) = 4n^3 - n + 12n^2 + 12n + 3$$

$$4(n + 1)^3 - (n + 1) = (4n^3 - n) + 3(4n^2 + 4n + 1)$$

Nach diesen Äquivalenzumformungen kann man nun die Induktionsvoraussetzung einsetzen.

$$4(n + 1)^3 - (n + 1) = 3m + 3(4n^2 + 4n + 1)$$

∎

Somit ist zu erkennen, dass sich durch Umformung der Induktionsbehauptung eine Summe ergibt, die aus zwei Summanden besteht. Der vordere Summand entspricht der Induktionsvoraussetzung, die als wahr vorausgesetzt wird. Der zweite Summand der Induktionsbehauptung ist wiederum eine von n abhängige natürliche Zahl, die in jedem Fall mit „3" multipliziert wird, diese muss also auch immer durch drei teilbar sein. Somit besteht die Summe der Induktionsbehauptung aus zwei Summanden, die beide durch drei teilbar sind, womit auch die Gesamtsumme selbst durch drei teilbar sein muss, wodurch der Beweis der Aussage für alle $n \in \mathbb{N}$ erbracht ist.

Anhand dieses Beispiels sollte die Funktionsweise der Beweismethode der vollständigen Induktion für Teilbarkeiten von natürlichen Zahlen klar sein und dieser Abschnitt kann damit geschlossen werden.

5.3   Anwendungsgebiet 3: Sonstiges

Zuletzt soll in diesem Abschnitt auf weitere Anwendungsmöglichkeiten der vollständigen Induktion eingegangen werden, was allerdings nur noch sehr kurz und ohne weitere Beispiele erfolgen soll. Danach wird in einem weiteren Kapitel die Eignung der vollständigen Induktion als Beweismethode kritisch hinterfragt, da es Autoren gibt die Kritik an der vollständigen Induktion äußern. Daneben gibt es aber auch zahlreiche Verfechter dieser Beweismethode.

Neben den bereits angesprochenen Anwendungsbereichen kann die vollständige Induktion auch auf weitere mathematische Teilbereiche zum Beweis von Aussagen angewendet werden. Beispielsweise steht bei Arens et al. (2010, S. 75), dass viele wichtige Beziehungen der Analysis durch vollständige Induktion bewiesen werden konnten und bewiesen werden können wie beispielsweiße die Bernoulli-Ungleichung[10]. Hierdurch wird ein weiteres Anwendungsgebiet aufgedeckt nämlich Ungleichungen die für alle natürlichen Zahlen Gültigkeit haben sollen. Neben Ungleichungen kann die vollständige Induktion auch zum Beweis von Aussagen über rekursive Folgen und Ableitungen verwendet werden, worauf aber nicht weiter eingegangen werden soll. Außerdem kann sie unter bestimmten Voraussetzungen auch für Anordnungsprobleme, Geometrie, Mengen und lineare Optimierungsprobleme angewendet werden. Daneben gibt es zahlreiche weitere Anwendungsgebiete für die die vollständige Induktion zum Beweis angewendet werden kann, auf die nicht weiter eingegangen werden soll, da sie den Rahmen dieser Arbeit sprengen würden. Dennoch ist in Anhang B S. 27 der Beweis der Bernoulli-Ungleichung ausgeführt um die Thematik bei Interesse nochmals zu Verdeutlichen.

---

[10] Die Bernoulli-Ungleichung gilt für alle $n \in \mathbb{N}$ mit $a \geq 0$ und hat folgende Form: $(1+a)^n \geq 1+n\,a$.

6 Vollständigen Induktion, Für und Wider.

Bevor im folgenden Kapitel ein abschließendes Fazit der vorliegenden Ausarbeitung folgt, soll in diesem Kapitel noch ein kritischer Blick auf das Beweisverfahren der vollständigen Induktion geworfen werden. Wie bereits angesprochen wurde, gibt es in der mathematischen Literatur nicht nur Fürsprecher dieser Beweismethode. Es existiert sowohl Kritik am empirisch-induktiven Verfahren an sich, wie auch am Verfahren der vollständigen Induktion als mathematische Beweismethode. Hierbei soll nochmals erwähnt werden, dass diese beiden Methoden nicht Synonym verwendet werden dürfen, wie ebenfalls angesprochen wurde. Neben den Kritikern gibt es allerdings auch viele Fürsprecher der vollständigen Induktion. Dieses Kapitel soll somit einen Überblick herstellen über das in verschiedener Literatur angesprochenen Für und Wieder des Verfahrens.

Der in der Literatur aufgespannte Bogen an Meinungen zur vollständigen Induktion als mathematisches Beweisverfahren ist sehr weit. Er reicht von Theobald et al. (2016, S. 8) die angeben, dass das Verfahren der vollständigen Induktion in der Mathematik unerlässlich ist bis zu Grieser (2013, S. 57) wo gesagt wird, es sei besser ohne die vollständige Induktion auszukommen und zunächst andere Wege für einen korrekten Beweis zu suchen.

Ein wesentlicher Kritikpunkt, der beispielsweise von Grieser (2013, S. 57) angeführt wird ist, dass sich das Verfahren als nutzlos erweist, wenn es darum geht eine Formel selbst herzuleiten. Der eigentliche Kritikpunkt an dieser Stelle ist, dass sich durch vollständige Induktion zwar eine Formel beweisen lässt aber nur dann und eben nur dann, wenn die zu beweisende Formel in ihrer Form und ihrem Inhalt bereits vermutet wird. Daran lässt sich auch ein weiterer bei Grieser (2013, S. 57) angeführter Kritikpunkt erkennen, dass die vollständige Induktion keine Schlüsse darüber zulässt, wo eine Formel herkommt und lediglich bewiesen werden kann, ob eine bekannte Formel und die darin vermutete Aussage auch wirklich für alle natürlichen Zahlen wahr ist. In diesem Zusammenhang spricht Grieser (2013, S. 57) dann auch davon, dass man auf die vollständige Induktion zum Beweis einer Aussage eher verzichten sollte und zunächst andere Möglichkeiten probieren sollte und erst dann auf sie zurückgreifen sollte, wenn alle anderen Möglichkeiten erfolglos ausgeschöpft sind.

Diesen Kritikpunkten stehen andere Autoren mathematischer Fachliteratur wiederum kritisch gegenüber. So schreiben beispielsweise Theobald et al. (2016, S. 8) dass der Beweis durch vollständige Induktion in der Mathematik unerlässlich ist und geht dabei darauf ein, dass sie insbesondere bei der Untersuchung von Algorithmen Anwendung finden kann. Arens et al. (2010, S. 71 ff.) beschreibt die vollständige Induktion als sehr mächtige Beweistechnik mit sehr großem Anwendungsgebiet, durch die zahlreiche wichtige Beziehungen der Analysis einfach bewiesen werden können wie beispielsweise die Bernoulli-Ungleichung. Daneben stellt Brunner (2014, S. 16) heraus, dass es sich bei der vollständigen Induktion selbst um ein Axiom handelt, was die Importanz dieser Beweistechnik nochmals untermauert, da Axiome selbst die Grundlagen der Mathematik darstellen.

Bereits 1904 hat Poincaré (1904, S. 9 f.) darauf hingewiesen, dass es sich bei der vollständigen Induktion lediglich um ein analytisches Werkzeug handelt und daraus nichts Neues gelernt werden kann, was auch der zuvor angesprochenen Kritik von Grieser (2014, S. 57) entspricht. Allerdings führt Poincaré (1904, S. 10 f.) weiter aus, dass die Mathematik selbst ohne vollständige Induktion nicht weiterkommen würde, da sie in der vollständigen Induktion selbst neue Ansatzpunkte finden kann, die die Mathematik als Wissenschaft weiterbringt und bezeichnet sie in diesem Zusammenhang als „mathematische Schlussweiße in ihrer reinsten Form".

Führt man sich die einzelnen angesprochenen Punkte nochmals vor Augen, so wird klar, dass die Kritik an der vollständigen Induktion berechtigt ist, insbesondere aus der Perspektive ihrer schöpferischen Kraft, die wenig ausgeprägt ist, wie sowohl Grieser (2014, S. 57) und auch Poincaré (1904, S. 9 f.) schreiben. Allerdings sind auch die Argumente der Fürsprecher des Verfahrens berechtigt. Da die vollständige Induktion für spezielle Probleme überaus geeignet ist wie beispielsweise Arens et al. (2010, S. 71 ff.) schreiben und zugleich den breiten Anwendungsbereich des Verfahrens anführen. Daneben stellt die vollständige Induktion eben auch das algorithmische Vorgehen und damit auch das logische Denken und argumentieren in den Vordergrund wie beispielsweise Theobald et al. (2016, S. 8) schreiben, was nicht nur aus der Sicht der Mathematik eine wichtige Schlüsselkompetenz darstellt wie in einem der vorherigen Kapitel der Ausarbeitung ausgeführt wurde. Außerdem hat auch Poincaré (1904, S. 9 f.), wenn er auch Kritik übt wie weiter oben erwähnt ebenfalls die Importanz dieses Beweisverfahrens herausgestellt, da es der Mathematik selbst hilft weitervoranzuschreiten.

7 Fazit und Ausblick

Als Abschluss dieser Ausarbeitung soll nun noch ein kurzes Fazit erfolgen, indem der Inhalt nochmals kurz zusammengefasst wird und die wichtigsten Punkte nochmals herausgestellt werden.

Zu Beginn der Ausarbeitung wurde auf die Mathematik als Wissenschaft eingegangen und gezeigt, dass sie sich als solche versteht, mit dem Zusatz eine beweisende Wissenschaft zu sein. Es wurde darauf eingegangen, dass die Mathematik, eine verschiedene Wissenschaften umspannende und ebenso kulturübergreifende Sprache darstellt, deren Kenntnis unabdingbarer Bestandteil verschiedener wissenschaftlicher Disziplinen ist, zu denen auch die Wirtschaftswissenschaften gezählt werden müssen. Darüber hinaus wurde darauf eingegangen, dass Mathematik eine Schlüsselkompetenz darstellt, deren Kenntnis weit über die reine Mathematik hinausgehende Qualifikationen fördert und trainiert, zwingt sie ihren Anwender doch streng logisch, widerspruchsfrei und argumentativ vorzugehen.

In einem weiteren Teil wurde auf die mathematische Beweisführung im Allgemeinen eingegangen. Dabei wurde angesprochen, dass sich die Mathematik als beweisende Wissenschaft versteht und dass Beweise für diese Wissenschaft unabdingbar sind, da ein grundlegendes Element der Mathematik Sätze darstellen und Sätze erst durch einen widerspruchsfreien Beweis zu Sätzen werden. Daneben wurde eingeführt wie ein Beweis aufgebaut ist und welche Elemente er beinhalten sollte, nämlich Voraussetzung, Behauptung und eigentlicher Beweis. Außerdem wurde das mit mathematischen Beweisen verfolgte Ziel erläutert, wobei es sich um die Herleitung der Allgemeingültigkeit einer Aussage handelt. Diese muss als eindeutige, widerspruchsfreie, auf Axiomen oder bereits bewiesenen Sätzen bestehende Argumentation vorliegen und zugleich für andere Personen nachvollziehbar sein.

Daneben wurde eine Einführung in die verschiedenen Verfahren des mathematischen Beweisens vorgenommen, wobei es sich um den direkten und indirekten Beweis und um den Beweis durch vollständige Induktion handelt. Die einzelnen Verfahren wurden jeweils durch ein Beispiel verdeutlicht. Dabei wurde auf das Verfahren der vollständigen Induktion besonderer Fokus gelegt und das Verfahren genauer beschrieben, sowohl was seinen Aufbau wie auch seine Anwendungsmöglichkeiten angeht. Zuletzt wurde auf verschiedene Kritikpunkte am Verfahren der vollständigen Induktion eingegangen.

Abschließend kann hier gesagt werden, dass es notwendig ist, ein solides mathematisches Grundwissen zu haben und zu erlernen, dass auch das Führen von Beweisen einschließt, da hierdurch das Verständnis für die Mathematik an sich steigt, aber auch Qualifikationen darüber hinaus trainiert werden. Insbesondere deswegen, weil der Anwender gezwungen ist logisch vorzugehen und Argumentieren zu können. Daneben ist es nötig die Sprache der Mathematik zu sprechen und sie in ihren Grundzügen zu verstehen um sie auf verschiedene Probleme anwenden zu können, wobei es nicht ausreichend ist lediglich Verfahren auswendig zu lernen, da die Realität oft vom Modell abweicht. Darüber hinaus ist sie die Sprache, die von verschiedenen Wissenschaften verwendet wird und Sätze und Beweise sind eben die beiden zentralen Aspekte dieser Wissenschaft und Sprache.

Literaturverzeichnis

Arens, Tilo; Hettlich, Frank; Karpfinger, Christian, Kockelkorn, Ulrich; Lichtenegger, Klaus; Stachel, Hellmuth (2010): Mathematik. 2., korrigierter Nachdruck Heidelberg: Spektrum Verlag.

Bleymüller, Josef (2012): Statistik für Wirtschaftswissenschaftler. 16. Auflage: Verlag Franz Vahlen.

Bosch, Karl (2003): Mathematik für Wirtschaftswissenschaftler. Einführung. 14., vollständig überarbeitete Auflage. München: Oldenbourg Verlag.

Brunner, Esther (2014): Mathematisches Argumentieren, Begründen und Beweisen. Grundlagen, Befunde und Konzepte. Berlin: Springer Spektrum (Mathematik im Fokus).

Christiaans, Thomas; Ross, Matthias (2016): Wirtschaftsmathematik für das Bachelor-Studium. 2. Aufl. 2016. Wiesbaden: Springer Fachmedien Wiesbaden.

Deiser, Oliver; Lasser, Caroline; Vogt, Elmar; Werner, Dirk (2016): 12 × 12 Schlüsselkonzepte zur Mathematik. 2. Aufl. Berlin: Springer Spektrum.

Ellinger, Theodor; Beuermann, Günter; Leisten, Rainer (2003): Operations Research. Eine Einführung. 6. Aufl. Berlin, Heidelberg: Springer (Springer-Lehrbuch).

Forster, Otto (2016): Analysis 1. Differential- und Integralrechnung einer Veränderlichen. 12., verbesserte Auflage. Wiesbaden: Springer Spektrum (Grundkurs Mathematik).

Grieser, Daniel (2013): Mathematisches Problemlösen und Beweisen. Eine Entdeckungsreise in die Mathematik. Wiesbaden: Springer (Bachelorkurs Mathematik).

Holey, Thomas; Wiedemann, Armin (2016): Mathematik für Wirtschaftswissenschaftler. 4. korrigierte und ergänzte Auflage. Berlin, Heidelberg: Springer Gabler (BA kompakt).

Hoppenbrock, Axel; Biehler, Rolf; Hochmuth, Reinhard; Rück, Hans-Georg (Hg.) (2016): Lehren und Lernen von Mathematik in der Studieneingangsphase. 1. Auflage. 2016. Wiesbaden: Springer Fachmedien.

Langemann, Dirk; Sommer, Vanessa (2016): So einfach ist Mathematik. Basiswissen für Studienanfänger aller Disziplinen. Berlin, Heidelberg: Springer Spektrum (Lehrbuch).

Neunhäuserer, Jörg (2015): Schöne Sätze der Mathematik. Ein Überblick mit kurzen Beweisen. Berlin: Springer Spektrum.

Poincaré, Henri; Lindemann, Ferdinand; Lindemann, Lisbeth (1904): Wissenschaft und Hypothese. Autorisierte deutsche Ausgabe mit Anmerkungen und Erläuterungen. Leipzig: B.G. Teubner.

Pólya, George (2010): Schule des Denkens. Vom Lösen mathematischer Probleme. Sonderausg. der 4. Aufl. Tübingen: Francke (Sammlung Dalp).

Posinges, A.; Busch, V. (2012): Aufgaben und Lösungen zum Vorkurs Mathematik: Beweismethoden. Für Donnerstag den 27.09.2012. Abgerufen von http://www.math.uni-hamburg.de/home /posingies/Vorkurs/AufgabenBeweiseLsg.pdf heruntergeladen am 05.05.2016.

Rainer Müller;Armin Moritz (2007): Aufgaben zur vollständigen Induktion mit Beweisen. Abgerufen von http://www.emath.de/Referate/induktion-aufgaben-loesungen.pdf, heruntergeladen am 05.05.2016.

Theobald, Thorsten; Iliman, Sadik (2016): Einführung in die computerorientierte Mathematik mit Sage. 1. Auflage. 2016. Wiesbaden: Springer Spektrum.

Winter, Heinrich Winand (2016): Entdeckendes Lernen im Mathematikunterricht. Einblicke in die Ideengeschichte und ihre Bedeutung für die Pädagogik. 3., aktualisierte Auflage. Wiesbaden: Springer Spektrum.

Anhang

A   Peano Axiome

Die Peano-Axiomen definieren und charakterisieren die natürlichen Zahlen.[11]

(1) $1 \in \mathbb{N}$

(2)   Jedes $n \in \mathbb{N}$ hat einen Nachfolger $\bar{n} \in \mathbb{N}$

(3)   Für alle $n \in \mathbb{N}$ gilt $n \neq 1$

(4)   Für alle n, m gilt $n = m$ genau dann, wenn $\bar{n} = \bar{m}$

(5)   Sei $A \subseteq \mathbb{N}$ und gelte $1 \in A$ sowie $\bar{n} \in A$ für alle $n \in A$; dann gilt $A = \mathbb{N}$

Zu erwähnen ist an dieser Stelle noch, dass sich die Axiome ändern, je nachdem wie die natürlichen Zahlen definiert sind, da sie von manchen als alle natürlichen Zahlen inklusive Null und von anderen als alle natürlichen Zahlen exklusive Null definiert werden. In der hier gewählten Darstellung der Axiome ist die traditionelle Darstellung beginnend mit der „1" gewählt.

---

[11] entnommen aus Neuenhäuserer (2015, S. 194)

B   Beweis Bernoulli-Ungleichung

Für $n \in \mathbb{N}_0$ und $a \geq -1$ gilt die Bernoulli-Ungleichung:[12] $(1 + a)^n \geq 1 + n\,a$ [13]

Induktionsanfang: Für $n = 0$ gilt:

$$(1 + a)^0 \geq 1 + 0 * a$$
$$1 \geq 1$$

Somit gilt die Annahme im trivialen Fall.

Induktionsschritt: Schluss von n auf $n + 1$:

Induktionsvoraussetzung: Für n gilt:

$$(1 + a)^n \geq 1 + n\,a,\ \text{mit } a \geq -1 \text{ sei für ein } n \in \mathbb{N} \text{ wahr.}$$

Induktionsbehauptung: Für $n + 1$ gilt:

$$(1 + a)^{n+1} \geq 1 + (n + 1)\,a$$

Beweis:

$$
\begin{aligned}
(1 + a)^{n+1} &= (1 + a)(1 + a)^n \\
&\geq (1 + a)(1 + n\,a), nach\ Induktionsvoraussetzung \\
&= 1 + n\,a + a + n\,a^2 \\
&\geq 1 + n\,a + a \\
&= 1 + (n + 1)a
\end{aligned}
$$

∎

---

[12] Die Bernoulli-Ungleichung wird verwendet um Potenzfunktionen nach unten abschätzen zu können.
[13] Entnommen aus Arens et al. 2010, S. 75